LAS PARTES DE UNA PLANTA

FRUTOS

Un libro de Las Raíces de Crabtree

ALICIA RODRIGUEZ

Traducción de Pablo de la Vega

CRABTREE
Publishing Company
www.crabtreebooks.com

Apoyos de la escuela a los hogares para cuidadores y maestros

Este libro ayuda a los niños en su desarrollo al permitirles practicar la lectura. Abajo están algunas preguntas guía para ayudar al lector a fortalecer sus habilidades de comprensión. En rojo hay algunas opciones de respuesta.

Antes de leer:

- ¿De qué pienso que trata este libro?
    - *Este libro es sobre los frutos.*
    - *Este libro es sobre cómo son los frutos.*
- ¿Qué quiero aprender sobre este tema?
    - *Quiero aprender dónde crecen los frutos.*
    - *Quiero aprender qué tan grandes pueden ser los frutos.*

Durante la lectura:

- Me pregunto por qué...
    - *Me pregunto por qué las plantas producen frutos.*
    - *Me pregunto por qué la gente come los frutos.*
- ¿Qué he aprendido hasta ahora?
    - *Aprendí que los frutos pueden ser grandes o pequeños.*
    - *Aprendí que los frutos pueden darse en árboles.*

Después de leer:

- ¿Qué detalles aprendí de este tema?
    - *Aprendí que los frutos pueden crecer en viñas.*
    - *Aprendí que no todas las plantas producen frutos.*
- Lee el libro una vez más y busca las palabras del vocabulario.
    - *Veo la palabra **frutos** en la página 3 y la palabra **viñas** en la página 8. Las demás palabras del vocabulario están en la página 14.*

Estos son **frutos**.

Algunos frutos
son grandes.

Algunos frutos
son pequeños.

Los frutos pueden crecer en **viñas**.

Los frutos pueden crecer en **árboles**.

¡Puedes comerte la mayoría de los frutos!

Lista de palabras

Palabras de uso común

algunos
comer
de
en
estos
la
los
pueden
puedes
son

Palabras para conocer

árboles

frutos

viñas

30 palabras

Estos son **frutos**.

Algunos frutos son grandes.

Algunos frutos son pequeños.

Los frutos pueden crecer en **viñas**.

Los frutos pueden crecer en **árboles**.

¡Puedes comerte la mayoría de los frutos!

LAS PARTES DE UNA PLANTA

FRUTOS

CRABTREE Publishing Company

Written by: Alicia Rodriguez
Designed by: Rhea Wallace
Series Development: James Earley
Proofreader: Ellen Rodger
Educational Consultant: Marie Lemke M.Ed.
Translation to Spanish: Pablo de la Vega
Spanish-language lay-out and proofread: Base Tres

Photographs:
Shutterstock: Nitr: cover; Mazur Travel: p. 1; Armas Vladimir: p. 3, 14; Alaa AbuMadi: p. 5; Mariola Anna S: p. 6; Lili Graphie: p. 9, 14; images72: p. 10-11; Samuel Borges Photography: p. 13

Library and Archives Canada Cataloguing in Publication

Title: Frutos / Alicia Rodriguez.
Other titles: Fruits. Spanish
Names: Rodriguez, Alicia (Children's author), author. | Vega, Pablo de la, translator.
Description: Series statement: Las partes de una planta | Translation of: Fruits. | Translation to Spanish: Pablo de la Vega. | "Un libro de las raíces de Crabtree". | Text in Spanish.
Identifiers: Canadiana (print) 20210210117 | Canadiana (ebook) 20210210125 | ISBN 9781427140951 (hardcover) | ISBN 9781427141019 (softcover) | ISBN 9781427140838 (HTML) | ISBN 9781427140890 (EPUB) | ISBN 9781427141071 (read-along ebook)
Subjects: LCSH: Fruit—Juvenile literature.
Classification: LCC QK660 .R6318 2022 | DDC j575.6/7—dc23

Library of Congress Cataloging-in-Publication Data

Names: Rodriguez, Alicia (Children's author), author.
Title: Frutos / Alicia Rodriguez.
Other titles: Fruits. Spanish
Description: New York, NY : Crabtree Publishing, [2022] | Series: Las partes de una planta- un libro de las raíces de Crabtree | Includes index.
Identifiers: LCCN 2021020255 (print) | LCCN 2021020256 (ebook) | ISBN 9781427140951 (hardcover) | ISBN 9781427141019 (paperback) | ISBN 9781427140838 (ebook) | ISBN 9781427140890 (epub) | ISBN 9781427141071
Subjects: LCSH: Fruit--Juvenile literature. | Plants--Juvenile literature.
Classification: LCC SB357.2 .R6418 2022 (print) | LCC SB357.2 (ebook) | DDC 581.4/64--dc23
LC record available at https://lccn.loc.gov/2021020255
LC ebook record available at https://lccn.loc.gov/2021020256

Crabtree Publishing Company
www.crabtreebooks.com 1-800-387-7650

Printed in the U.S.A./062021/CG20210401

Published in the United States
Crabtree Publishing
347 Fifth Avenue, Suite 1402-145
New York, NY, 10016

Published in Canada
Crabtree Publishing
616 Welland Ave.
St. Catharines, Ontario L2M 5V6